Resül Erdagi

Chemischer Beständigkeits- und dynamischer Dauerversuch mit den Sensoren für Reinigungsprozesse in der Prozessindustrie

GRIN Verlag

Bibliografische Information der Deutschen Nationalbibliothek:

Die Deutsche Bibliothek verzeichnet diese Publikation in der Deutschen National-
bibliografie; detaillierte bibliografische Daten sind im Internet über http://dnb.d-
nb.de/ abrufbar.

Impressum:

Copyright © 2012 GRIN Verlag GmbH
Druck und Bindung: Books on Demand GmbH, Norderstedt Germany
ISBN: 978-3-656-33501-6

Dieses Buch bei GRIN:

http://www.grin.com/de/e-book/206021/chemischer-bestaendigkeits-und-dynami-
scher-dauerversuch-mit-den-sensoren

Projektarbeit

Chemischer Beständigkeits- und dynamischer Dauerversuch mit den Sensoren für Reinigungsprozesse in der Prozessindustrie

Erdagi Resul

09.05.2012

Inhaltsverzeichnis **Seite**

Abkürzungsverzeichnis 2

Symbolverzeichnis 3

Abbildung und Tabellenverzeichnis 4

1 Einleitung 5

2   Theoretische Grundlagen der Kunststoffe 6
2.1 Eigenschaften des Materials PEEK 6
2.2 Eigenschaften des Materials PVDF 6
2.3 Eigenschaften des Dichtungsmaterials EPDM und Silikon 7

3   Chemische Versuchsbeschreibung 8
3.1 Oberflächenmessungen der einzelnen Sensoren 9
3.2 Bestimmungen des Gewichtes der einzelnen Sensoren 9
3.3 Durchführung der chemischen Prüfung 9
3.4 Auswertung der chemischen Prüfung 10
3.5 Zusammenfassung und Diskussion der chemischen Prüfung 15

4   Dynamische Versuchsbeschreibung 16
4.1 Aufbau der Versuchsanlage 16
4.2 Durchführung der dynamischen Prüfung 18
4.3 Auswertung der dynamischen Prüfung 19
4.4 Zusammenfassung und Diskussion der dynamischen Prüfung 22

5 Zusammenfassung und Auswertung der Ergebnisse 22

Literaturverzeichnis 23

Anlagen
Anlage 1 Versuchsprotokoll des dynamischen Versuches
Anlage 2 Versuchsprotokoll des dynamischen Versuches
Anlage 3 Versuchsprotokoll des dynamischen Versuches

Abkürzungsverzeichnis

b	Breite
CEN	Comité Européen de Normalisation
CIP	cleaning in place
COP	cleaning out of place
DIN	Deutsche Industrie Norm
DN	Nennweite Innendurchmesser
EFSA	European Food Safety Authority
EHEDG	European Hygienic Engineering & Design Group
EPDM	Ethylen-Propylen-Dien-Monomer
EU	Europäische Union
g	Gramm
Gew.	Gewicht
GmbH	Gesellschaft mit beschränkter Haftung
HNO_3	Salpetersäure
m	Masse
min.	Minute
NaOH	Natronlauge
p	Druck
PEEK	Polyetheretherketon
PET	Polyethylenterephthalat
POM	Polyoxymethylen
PVDF	Polyvinylidenfluorid
Ra	Mittenrauwert
T	Temperatur
t	Zeit
z.B.	Zum Beispiel

Symbolverzeichnis

Zeichen	Einheit	Bedeutung
b	Millimeter	Breite
g	Kilogramm	Gramm
g/l		Gramm pro Liter
Gew.-%		Gewichtsangabe in Prozent
L_f	ms/cm	Leitfähigkeit
l	Liter	Liter
$\dot{m}_L$	g/min	Leckage
mm	Millimeter	Millimeter
n	-	Anzahl
p	Druck	Druck in den Leitungen
Ra_1	Mikrometer	Ausgangsrauhwert in µm
Ra_7	Mikrometer	Endrauhwert in µm
T	Grad Celsius	Temperatur
t	Stunde	Zeit
t_{Dampf}	Stunde	Dampfdurchgangsdauer
t_{Wasser}	Stunde	Wasserdurchgangsdauer
t_{Tank}	C°	Temperatur im Tank
$t_{(PT1000)}$	C°	Temperatur innen
$t_{(PT1000)}$	C°	Temperatur außen
$t_{(Gehäuse)}$	C°	Temperatur am Gehäuse
Σt_{Dampf}	Stunde	Summe der Dampfdurchgangsdauer
Σt_{Wasser}	C°	Summe der Wasserdurchgangsdauer
%	Prozent	Gewichtsangabe in Prozent
µm	Meter	Mikrometer
Δ		Änderung
Δb	Millimeter	Breitenänderung
Δm	Gramm	Massenänderung
ΔRa	Mikrometer	Rauhwertänderung in µm
<		kleiner als
>		größer als

Abbildung und Tabellenverzeichnis	**Seite**

Abb.1: Sensor 1 (Sonde 1) vor Beständigkeitsprüfung in 3%-iger
Salpetersäure bei T = 60°C und aus dem Material PEEK — 11

Abb.2: Sensor 1 (Sonde 1) nach Beständigkeitsprüfung in 3%-iger
Salpetersäure bei T = 60°C und aus dem Material PEEK — 11

Abb.3: Sensor 2 (Sonde 2) vor Beständigkeitsprüfung in 3%-iger
Salpetersäure bei T = 60°C und aus dem Material PVDF — 12

Abb.4: Sensor 2 (Sonde 2) nach Beständigkeitsprüfung in 3%-iger
Salpetersäure bei T = 60°C und aus dem Material PVDF — 12

Abb.5: Sensor 3 (Sonde 3) vor Beständigkeitsprüfung in 3%-iger
Salpetersäure bei T = 60°C und aus dem Material PEEK — 13

Abb.6: Sensor 3 (Sonde 3) nach Beständigkeitsprüfung in 3%-iger
Salpetersäure bei T = 60°C und aus dem Material PEEK — 13

Abb.7: Dynamischer Versuchsaufbau — 17

Abb.8: Dynamischer Versuchsaufbau — 17

Abb.9: VARINLINE Gehäuse zur Sensoranbindung — 18

Abb.10: Sensoren 1 bis 3 in waagerechter Stellung eingebunden — 19

Abb.11: Prozessüberwachungssystem der Firma Jumo — 19

Abb.12: Sensor 1 aus dem Material PEEK nach dynamischer Prüfung — 20

Abb.13: Sensor 2 aus dem Material PVDF nach dynamischer Prüfung — 20

Abb.14: Sensor 2 aus dem Material PVDF nach der dynamischer Prüfung — 21

Abb.15: Sensor 3 aus Material PEEK nach dynamischer Prüfung — 21

Tab.1: Sensor 1 (Sonde 1) Besteht aus dem Material PEEK und mit der
Prozessanschlussverschraubung Milchrohrverschraubung — 10

Tab.2: Sensor 2 (Sonde 2) besteht aus dem Material PVDF und mit der
Prozessanschlussverschraubung Milchrohrgewinde — 11

Tab.3: Sensor 3 (Sonde 3) besteht aus dem Material PEEK und mit der
Prozessanschlussverschraubung Varivent — 12

Tab.4: Sensor 1 (Sonde 1) besteht aus dem Material PEEK und mit der
Prozessanschlussverschraubung Milchrohrgewinde — 14

Tab.5: Sensor 2 (Sonde 2) besteht aus dem Material PVDF und mit der
Prozessanschlussverschraubung Milchrohrgewinde — 14

Tab.6: Sensor 3 (Sonde 3) besteht aus dem Material PEEK und mit der
Prozessanschlussverschraubung Varivent — 15

1.Einleitung

Die Firma Tuchenhagen GmbH ist ein weltweit renommierter Anlagenhersteller für die Prozessindustrie. Bei der Produktion und Verarbeitung von Lebensmitteln sind hygienische Reinheit und hochwertige Qualität sehr wichtig. Das kann nur durch einwandfrei saubere Bearbeitungsanlagen und direkte Reinigung von Anlagenteilen wie Tanks, Rohrleitungen und Pumpen, nach Beendigung der Produktion bzw. vor Beginn einer neuen Produktionsphase gewährleistet werden [1]. Hinsichtlich der Verarbeitung und des Einbaus von Anlagenteilen in Lebensmittelbetrieben sind die Vorschriften unter dem Begriff des „Hygienic Designs" in entsprechenden Regelwerken festgehalten [2]. Hier sind exemplarisch europäische Organisationen wie die EU Kommission, die European Food Safety Authority (EFSA), das Comité Européen de Normalisation (CEN) sowie die European Hygienic Engineering & Design Group (EHEDG) zu nennen [3]. Damit Produkte diesen Anforderungen entsprechen, muss vor allem die Hygiene im Produktionsprozess einwandfrei sein. Dabei muss darauf geachtet werden, dass sowohl primäre Kontaminationen, z.B. durch die verwendeten Rohstoffe, als auch sekundäre Kontaminationen, z.B. durch verunreinigte Anlagen, während der Herstellung und Verpackung so gering wie möglich gehalten bzw. ganz vermieden werden [4]. Damit soll verhindert werden, dass im Produkt Mikroorganismen oder Toxine entstehen können.
Um diese gesundheitliche Bedrohung der Konsumenten auszuschließen, bzw. so gering wie möglich zu halten, ist eine gründliche Reinigung von Produktionsanlagen wichtig.
Bei den Untersuchungen für die vorliegende Arbeit werden die Rohstoffe und Materialien für die Überwachungssensoren solcher Produktionsanlagen untersucht. Im Rahmen der „cleaning in place" (CIP)-Reinigung werden Sensoren für die automatischen Reinigungsprozesse eingesetzt [5].
In diesem Projekt werden Sensoren aus unterschiedlichen Werkstoffen der Firma Jumo untersucht. Dabei werden die Sensoren auf ihre chemischen und dynamischen Eigenschaften geprüft. Nach den Versuchen werden die Ergebnisse ausgewertet und analysiert ob die Werkstoffe sich als Herstellstoff für Sensoren eignen und ob man sie einsetzen kann.

Die drei Sensoren bestehen aus folgenden Werkstoffen:

> - Sensor 1 (Sonde 1) besteht aus dem Material PEEK mit dem Dichtungsmaterial EPDM und der Prozessanschlussverschraubung Milchrohrverschraubung.
> - Sensor 2 (Sonde 2) besteht aus dem Material PVDF mit dem Dichtungsmaterial Silikon und der Prozessanschlussverschraubung Milchrohrverschraubung.
> - Sensor 3 (Sonde 3) besteht aus dem Material PEEK mit dem Dichtungsmaterial EPDM und der Prozessanschlussverschraubung Varivent.

Bevor die Sensoren geprüft werden, wird der Ausgangszustand der einzelnen Sensoren ermittelt. Dabei wird die Oberfläche der Sensoren ermittelt bzw. es werden die Ra-Werte gemessen [6].

Im Anschluss werden die Sensoren einzeln abgewogen und das Gewicht der Sensoren festgestellt. Bei der Auswertung wird der Ausgangszustand mit dem Endzustand der jeweiligen Sensoren verglichen. Hauptaugenmerk liegt dabei auf der Werkstoffauswahl und dessen Verhalten in der Praxis.

Nach Ablauf der Gewichtsmessung werden die Sensoren chemisch gereinigt, um zu klären ob die Werkstoffe gegen chemische Stoffe wie Säuren und Basen beständig sind und zum Schluss wird der Dauerversuch als dynamischer Versuch durchgeführt.

2. Theoretische Grundlagen der Kunststoffe

Als Kunststoff bezeichnet man einen Festkörper, dessen Grundbestandteil synthetisch oder halbsynthetisch aus monomeren organischen Molekülen hergestellt wird [7]. Kunststoffe können sowohl aus linearen Ketten wie aus verzweigten und vernetzten Ketten bestehen [8]. Ein herausragendes Merkmal von Kunststoffen ist, dass sich ihre technischen Eigenschaften wie Formbarkeit, Härte, Elastizität, Bruchfestigkeit, Temperatur- und chemische Beständigkeit durch die Wahl von Ausgangsmaterial, Herstellungsverfahren und Beimischung von Zusätzen in weiten Grenzen variieren lassen. Kunststoffe werden nach Aufbau und Eigenschaften in Duroplaste, Thermoplaste und Elastomere aufgeteilt.

In dieser Arbeit werden die folgenden Kunststoffe näher betrachtet:

> Elastomere bzw. die Untergruppen PEEK und PVDF als Herstellungsmaterial für die Sensoren.
> EPDM und Silikon als Dichtungsmaterial für die Sensoren.

2.1 Eigenschaften des Materials PEEK

Die Eigenschaften dieses Werkstoffes sind vergleichbar mit denen von POM oder PET. Polyetheretherketone besitzen außer einer sehr guten Temperaturfestigkeit auch noch die folgenden besseren mechanischen Eigenschaften [9]:

> Hohe Festigkeit, hohe Steifigkeit, gute Chemikalienbeständigkeit, schwer entflammbar.
> Günstiges Gleit- und Abriebverhalten und ein Temperatureinsatzbereich von 65°C bis 240°C.

2.2 Eigenschaften des Materials PVDF

Dieser Hochleistungskunststoff hat eine sehr gute chemische Beständigkeit mit guten mechanischen Eigenschaften. PVDF-Werkstoffe gehören zu den Fluorkunststoffen und besitzen aufgrund ihres hohen Fluorgehalts die folgenden Eigenschaften [9]:

- Eine hohe Festigkeit sowie eine hohe Kriechfestigkeit unter Dauerbelastung.
- Gute Kälteeigenschaften und eine hohe Temperaturbeständigkeit zwischen 30°C bis 150°C.

2.3 Eigenschaften des Dichtungsmaterials EPDM und Silikon

Ethylen-Propylen-Dien-Kautschuk -EPDM- hat folgende Eigenschaften:

- Hervorragende Licht- und Witterungsbeständigkeit, eine gute Kältebeständigkeit.
- Ausgezeichnete Waschlaugenbeständigkeit.
- Nicht ölbeständig.
- Kann bis zu einer Temperaturbereich von 130°C eingesetzt werden, bei kurzfristiger Einwirkungsdauer sogar bis 150°C.
- Weitgehend beständig gegen Säuren und Laugen auch bei erhöhten Temperaturen.

Silikone werden in Form von Ölen, Harzen und Kautschuken verwendet und haben folgende Eigenschaften:

- Eine hohe Wärmebeständigkeit.
- Die mechanischen Eigenschaften ändern sich bei Temperaturwechsel nur geringfügig.
- Sie sind temperaturstabil und flexibel von -5°C bis 200°C.
- Die Dauerwärmebeständigkeit liegt für die meisten Silikone bei 150°C bis 180°C.
- Sie haben eine stark wasserabweisende Wirkung.
- Sie reagieren fast überhaupt nicht mit Säuren oder Basen.
- Auch biologisch sind Silikone nahezu unreaktiv.

3. Chemische Versuchsbeschreibung

Die chemische Prüfung wird nach DIN ISO 1817 entsprechend den Beständigkeitsprüfungen für Elastomere durchgeführt [10]. Dabei wird die Betrachtung des Reinigungsverhaltens entsprechend der in der Industrie festgelegten CIP-Reinigung, die in fünf Schritte unterteilt wird, durchgeführt.

1. Schritt: Wasservorspülung
2. Schritt: Laugenspülung
3. Schritt: Wasserzwischenspülung
4. Schritt: Säurespülung
5. Schritt: Wasserklarspülung

Für den Reinigungsprozess werden verschiedene Reinigungsmittel eingesetzt, deren unterschiedliche Reinigungswirkung für diesen Prozess relevant ist.
Anorganische, alkalische Reinigungsmittel wirken emulgierend, proteinauflösend und teilweise bakterizid. Insbesondere kommt Natriumhydroxid (NaOH) zur Anwendung. Zusätzlich kann der Reinigungsprozess durch den Einsatz von Tensiden erleichtert werden. Die erwähnte bakterizide Wirkung ist vor allem bei höheren Temperaturen und Konzentrationen gegeben [11].
Organische und anorganische saure Reinigungsmittel werden zum Entfernen eingetrockneter Verschmutzungen und zum Lösen mineralischer Ablagerungen verwendet. Als Säuren kommen vor allem Salpetersäure, Phosphorsäure und Schwefelsäure zum Einsatz. Die Wirksamkeit von Säuren wird über ihren Dissoziationsgrad bestimmt. Neben der Temperaturunabhängigkeit von Säuren ist zu bemerken, dass die Konzentration des verwendeten sauren Reinigungsmittels bei der Auflösung von Ablagerungen verringert wird. Grundsätzlich muss bei sauren Umgebungen die Korrosionsbeständigkeit der zu reinigenden Werkstoffe berücksichtigt werden [12].

Beim chemischen Versuch wird als Reinigungslösung Salpetersäure (HNO_3) mit einer Konzentration von 3 Gew.-% eingesetzt und Natronlauge (NaOH) mit einer Konzentration von 5 Gew.-%. Hinsichtlich der Reproduzierbarkeit der Versuchsergebnisse wurden entsprechend jedes Sensors (Sonde) und jeder Konzentration zwischen drei und sechs Reinigungsversuche durchgeführt. Zum Vergleich der Ergebnisse wurde der Mittelwert gebildet.
Die entsprechenden Temperaturen liegen im basischen Bereich zwischen 60°C und 140°C, im sauren Bereich zwischen 50°C und 80°C [13].

Nach der chemischen Reinigung werden die Sensoren einzeln abgewogen und den Ausgangswerten gegenübergestellt. Außerdem wird die Oberfläche der Sensoren geprüft indem der Rauheitswert, Ra-Wert, gemessen wird. Zusätzlich erfolgt eine optische Prüfung ob farbliche Veränderungen oder Abrieb an den Sensoren entstanden sind.

3.1 Oberflächenmessungen der einzelnen Sensoren

Der Mittenrau-Wert Ra wird durch das Oberflächenmessverfahren ermittelt. Vorzugsweise sind dafür elektrische Tastschnittgeräte entsprechend DIN 4768 zu verwenden. Die Messung der Oberfläche ist sehr wichtig und ist in der DIN – Norm 1672-2 festgelegt [14].
Nach dem Stand der Technik müssen produktberührende Oberflächen in der Nahrungsmittelindustrie eine Rauheit Ra $\leq 0,8$ µm haben [15].
Die Oberflächen der einzelnen Sensoren werden mit dem Taster abgefahren und der Ra-Wert ermittelt. Der Bereich, der gemessen wurde, ist auf den jeweiligen Bildern markiert. Die markierte Fläche wurde nach der chemischen Reinigung erneut gemessen. Diese ermittelten Ra-Werte wurden den ursprünglichen Ra-Werten in der Auswertung gegenübergestellt.

3.2 Bestimmungen des Gewichtes der einzelnen Sensoren

Die Sensoren wurden nacheinander markiert und gewogen. Der Ausgangszustand wurde notiert und das Gewicht der einzelnen Sensoren wurde nach der chemischen Reinigung neu ermittelt und in der Auswertung gegenübergestellt. Damit wurde festgestellt ob sich die Gewichte der Sensoren während der chemischen Reinigung verändert haben.

3.3 Durchführung der chemischen Reinigung

Die chemische Prüfung wird in folgenden Arbeitsschritten durchgeführt [16]:

Ablauf 1 (HNO3, Gew.-3%)

1.) Messen der Oberflächenrauhigkeit Ra-Wert und optische Kontrolle.

2.) Messen der Länge b mittels Maßstab und wiegen der Masse m mittels Laborwaage.

3.) Die Sensoren werden in einem Behälter eingetaucht in 3%-ige Salpetersäure (HNO_3) bei $T = 60°C$ für $t = 30$ Minuten lang.

4.) Danach werden die Sensoren zur Abkühlung in entmineralisiertes Wasser eingetaucht bei $T = 20°C$ (RT) für $t = 30$ Minuten.

5.) Anschließend werden die Sensoren getrocknet.

6.) Arbeitsschritt wie zu 2.) wird 6-mal wiederholt und daraus der Mittelwert ermittelt.

7.) Zum Schluss werden die Sensoren gemessen und der Ra-Wert ermittelt und optisch kontrolliert.

Ablauf 2 (NaOH, Gew.- 5%)

1.) Messen des Ra-Wertes und optische Kontrolle.

2.) Messen der Länge b mittels eines Maßstabs und wiegen der Masse m
mittels Laborwaage.

3.) Die Sensoren werden in einem Behälter eingetaucht in 5%-ige Natronlauge
(NaOH) bei T = 80°C für t = 120 Minuten.

4.) Anschließend zur Abkühlung in entmineralisiertem Wasser bei T = 20°C
eingetaucht für t = 30 Minuten.

5.) Danach werden die Sensoren getrocknet.

6.) Arbeitsschritt wie zu 2.) wird 3-mal wiederholt und der Mittelwert
ermittelt.

7.) Zum Schluss werden die Sensoren gemessen, der Ra-Wert ermittelt und
die optische Kontrolle vorgenommen.

3.4 Auswertungen der chemischen Reinigung

Beständigkeitsprüfungen in 3%-iger Salpetersäure bei T = 60°C

Datum	Masse	Breite	Oberflächenrauhigkeit	Bemerkungen
	m	b	R_a	
	g	mm	µm	
27.06.2011	123,97	28,58	0,05	Anlieferungszustand
27.06.2011	123,98	28,56	-	nach erstem Zyklus
28.06.2011	123,98	28,55	-	nach zweitem Zyklus
28.06.2011	123,99	28,55	-	nach drittem Zyklus
28.06.2011	123,99	28,56	-	nach viertem Zyklus
29.06.2011	123,90	28,53	-	nach fünftem Zyklus
29.06.2011	123,98	28,54	0,05	nach sechstem Zyklus
$\Delta(7\text{-}1)$	0,01	-0,04	0	Änderung gering

Tab.1: Sensor 1 (Sonde 1) besteht aus dem Material PEEK und mit der Prozessanschlussverschraubung Milchrohrverschraubung

Ergebnisse:

1.) Sensor 1 nach obigem Ablauf 1 keine Oberflächenbeschädigung ($R_{a1} = R_{a7}$)

2.) geringe Massenänderung ($\Delta m = +0,01$ g)

3.) geringe Längenänderung ($\Delta b = -0,04$ mm)

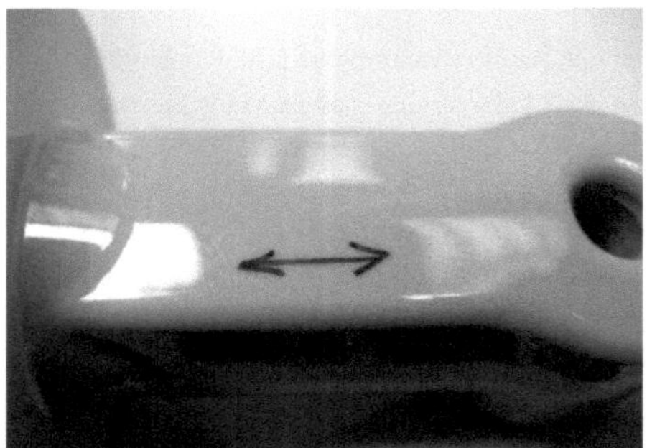

Abb.1: Sensor 1 (Sonde 1) vor Beständigkeitsprüfung in 3%-iger
Salpetersäure bei T = 60°C und aus dem Material PEEK

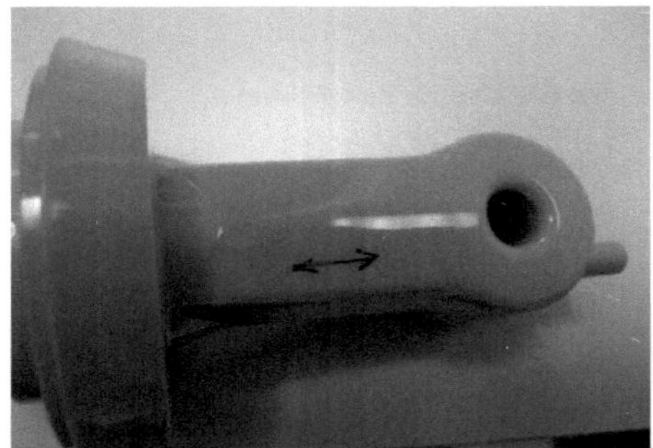

Abb.2: Sensor 1 (Sonde 1) nach Beständigkeitsprüfung in 3%-iger
Salpetersäure bei T = 60°C und aus dem Material aus PEEK

Datum	Masse	Breite	Oberflächenrauhigkeit	Bemerkungen
	m	b	R_a	
	g	mm	µm	
27.06.2011	115,23	28,28	0,2	Anlieferungszustand
27.06.2011	115,25	28,29	-	nach erstem Zyklus
28.06.2011	115,25	28,31	-	nach zweitem Zyklus
28.06.2011	115,26	28,33	-	nach drittem Zyklus
28.06.2011	115,27	28,34	-	nach viertem Zyklus
29.06.2011	115,25	28,34	-	nach fünftem Zyklus
29.06.2011	115,26	28,33	0,25	nach sechstem Zyklus
Δ(7-1)	0,03	0,05	0,05	Änderung gering

Tab.2: Sensor 2 (Sonde 2) besteht aus dem Material PVDF und mit der Prozessanschlussverschraubung Milchrohrgewinde

Ergebnisse:

1.) Sensor 2 nach obigem Ablauf 1 keine Oberflächenbeschädigung
   ($R_{a1} < R_{a7}, \Delta R_a = 0,05\ \mu m$)

2.) geringe Massenänderung ($\Delta m = +0,03\ g$)

3.) geringe Längenänderung ($\Delta b = +0,05\ mm$)

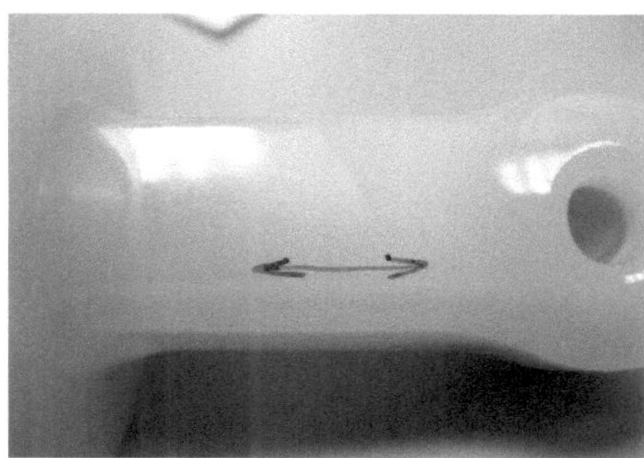

Abb.3: Sensor 2 (Sonde 2) vor Beständigkeitsprüfung in 3%-iger
Salpetersäure bei T = 60°C und besteht aus dem Material PVDF

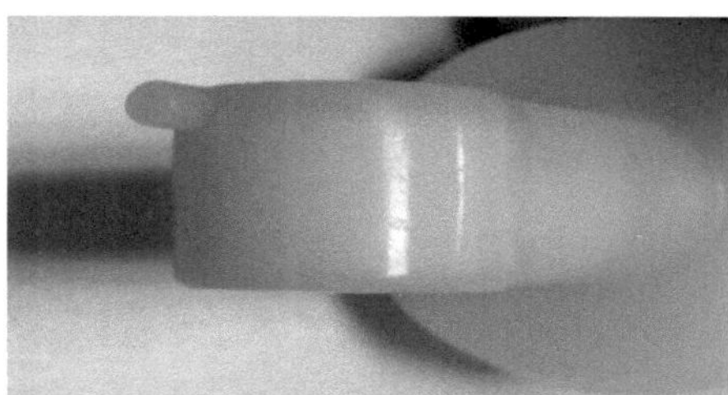

Abb.4: Sensor 2 (Sonde 2) nach Beständigkeitsprüfung in 3%-iger
Salpetersäure bei T = 60°C und besteht aus dem Material PVDF

Datum	Masse	Breite	Oberflächenrauhigkeit	Bemerkungen
	m	b	R_a	
	g	mm	μm	
27.06.2011	117,642	29,29	0,05	Anlieferungszustand
27.06.2011	117,647	29,30	-	nach erstem Zyklus
28.06.2011	117,650	29,31	-	nach zweitem Zyklus
28.06.2011	117,647	29,32	-	nach drittem Zyklus
28.06.2011	117,648	29,29	-	nach viertem Zyklus
29.06.2011	117,650	29,31	-	nach fünftem Zyklus
29.06.2011	117,653	29,30	0,05	nach sechstem Zyklus
$\Delta(7-1)$	0,011	0,01	0	Änderung gering

Tab.3: Sensor 3 (Sonde 3) besteht aus dem Material PEEK und mit der Prozessanschlussverschraubung Varivent

Ergebnisse:

1.) Sensor 3 nach obigem Ablauf 1 keine Oberflächenbeschädigung ($R_{a1} = R_{a7}$)

2.) geringe Massenänderung ($\Delta m = +0,011$ g)

3.) geringe Längenänderung ($\Delta b = +0,01$ mm)

Abb.5: Sensor 3 (Sonde 3) vor Beständigkeitsprüfung in 3%-iger Salpetersäure bei T = 60°C und aus dem Material PEEK

Abb.6: Sensor 3 (Sonde 3) nach Beständigkeitsprüfung in 3%-iger Salpetersäure bei T = 60°C und aus dem Material PEEK

Auswertung: Base

Beständigkeitsprüfung in 5%-iger Natronlauge bei T = 80°C

Datum	Masse	Breite	Oberflächenrauhigkeit	Bemerkungen
	m	b	R_a	
	g	mm	µm	
27.06.2011	123,823	28,55	0,05	Anlieferungszustand
30.06.2011	123,843	28,53	-	nach erstem Zyklus
30.06.2011	123,956	28,53	-	nach zweitem Zyklus
01.07.2011	123,856	28,52	0,05	nach drittem Zyklus
Δ(4-1)	0,033	-0,03	0	Änderung gering

Tab.4: Sensor 1 (Sonde 1) besteht aus dem Material PEEK und mit der Prozessanschlussverschraubung Milchrohrgewinde

Ergebnisse:

1.) Sonde 1 nach obigem Ablauf 2 keine Oberflächenbeschädigung ($R_{a1} = R_{a7}$)

2.) geringe Massenänderung ($\Delta m = +0,033$ g)

3.) geringe Längenänderung ($\Delta b = -0,03$ mm)

Datum	Masse	Breite	Oberflächenrauhigkeit	Bemerkungen
	m	b	R_a	
	g	mm	µm	
27.06.2011	151,27	28,27	0,05	Anlieferungszustand
30.06.2011	151,31	28,27	-	nach erstem Zyklus
30.06.2011	151,31	28,28	-	nach zweitem Zyklus
01.07.2011	151,31	28,26	0,15	nach drittem Zyklus
Δ(4-1)	0,03	-0,01	0,1	Änderung gering

Tab.5: Sensor 2 (Sonde 2) besteht aus dem Material PVDF und mit der Prozessanschlussverschraubung Milchrohrgewinde

Ergebnisse:

1.) Sensor 2 nach obigem Ablauf 2 keine Oberflächenbeschädigung
($R_{a1} < R_{a7}$), $\Delta Ra = 0,1$ µm

2.) geringe Massenänderung ($\Delta m = +0,03$ g)

3.) geringe Längenänderung ($\Delta b = -0,01$ mm)

Datum	Masse	Breite	Oberflächenrauhigkeit	Bemerkungen
	m	b	R_a	
	g	mm	µm	
27.06.2011	118,0636	29,31	0,05	Anlieferungszustand
30.06.2011	181,0795	29,30	-	nach erstem Zyklus
30.06.2011	118,0743	29,30	-	nach zweitem Zyklus
01.07.2011	118,0769	29,29	0,05	nach drittem Zyklus
$\Delta(4-1)$	0,0132	-0,02	0	Änderung gering

Tab.6: Sensor 3 (Sonde 3) besteht aus dem Material PEEK und mit der Prozessanschlussverschraubung Varivent

Ergebnisse:

1.) Sonde 3 nach obigem Ablauf 2 keine Oberflächenbeschädigung ($R_{a1} = R_{a7}$)

2.) geringe Massenänderung ($\Delta m = +0,0132$ g)

3.) geringe Längenänderung ($\Delta b = -0,02$ mm)

3.5 Zusammenfassung und Diskussion der chemischen Prüfung

Die Auswertungen der chemischen Versuche haben ergeben, dass die Sensoren
beständig gegen Basen und Säuren sind. Die untersuchten Werkstoffe der
Sensoren eignen sich als Rohstoffmaterial für Sensoren in der Prozessindustrie.
Die Ergebnisse zeigen, dass die Werkstoffe gegen Säure und Base beständig sind
und keine Änderungen stattfanden.

Die Abweichungen, die rein rechnerisch im Bereich der Massenänderung und
Längenänderung vorhanden sind, sind eher als Messabweichung bzw. Messfehler
zu betrachten. Fehler entstanden beim Wiegen der einzelnen Sensoren, weil die
Waage nie genau auf null einzustellen war. Die Waage im Labor schwankte beim
wiegen immer zwischen 0,001 g bis 0,002 g.

Die untersuchten Sensoren haben sich im Reinigungsprozess gegen Säuren, Basen
und Temperatur als beständig gezeigt. Der Verlauf der chemischen Prüfung hat
ergeben dass sich die Materialien einwandfrei für die Herstellung dieser Sensoren
eignen. Das kann man auch sehr gut an den vorangegangenen Abbildungen vor
und nach dem Versuch erkennen.

4. Dynamische Versuchsbeschreibung

Nachdem die chemische Prüfung beendet ist, wird die dynamische Prüfung durchgeführt. Die dynamische Prüfung wird nach der Skizze „Dynamischer Versuchsauf" aufgebaut. Der Aufbau der Anlage soll möglichst realitätsnah sein. In dem dynamischen Versuch wird die automatische CIP-Reinigung simuliert. Prinzipiell werden bei der Nassreinigung zwei Verfahren unterschieden, die entweder nach Demontage manuell (COP – cleaning out of place) oder ohne Zerlegen direkt und automatisch vor Ort (CIP – cleaning in place) durchgeführt werden. In der vorliegenden Arbeit wird nur auf letztere Variante eingegangen[17].

Normalerweise wird die Reinigung der Anlage nach einem Produktwechsel oder nach einem bestimmten variablen Zeitzyklus durch den Betreiber festgelegt.
Im Durchschnitt werden die Anlagen 10-mal pro Woche gereinigt [18]. Während des Dauerversuchs wird innerhalb von 2 Wochen n = 161-mal der Reinigungsvorgang simuliert. In dem Versuch werden die Sensoren mit Heißdampf 60 Minuten lang bei einer T = 140 °C und bei einem Druck p = 5-12 bar gespült und mit Kaltwasser 30 Minuten lang bei einer T = 20°C und bei einem Druck p = 0,5 - 0,7 bar abgekühlt. Während des Versuches werden die Drücke und Temperaturen per Hand aufgenommen während parallel das Prozessüberwachungsprogramm der Firma Jumo mitläuft. Das Programm zeichnet die automatische Leitfähigkeit des Wassers auf. Am Ende des Versuches sollen die Sensoren abgebaut und deren Zustand optisch beurteilt werden.

4.1 Aufbau der Versuchsanlage

Die Anlage wurde nach der Skizze „Dynamische Prüfung" aufgebaut und besteht aus dem Wassertank, Dampferzeuger, Pumpe, Rohrleitungen und dem Kondensator. Zusätzlich sind die Sensoren der Firma Jumo angebracht und mit Sonde 1, Sonde 2 und Sonde 3 gekennzeichnet. In dem Kreissystem werden Messgeräte bzw. Messfühler angebracht, so dass die jeweilige Temperatur, der Druck und Durchfluss per Hand aufgezeichnet werden können. Als Prüfmedium wird Wasser eingesetzt. Die Sensoren zeichnen die Leitfähigkeit, Temperatur und Drücke in der Leitung auf. Zusätzlich zeichnet das Prozessüberwachungsprogramm die Messung automatisch auf [19].

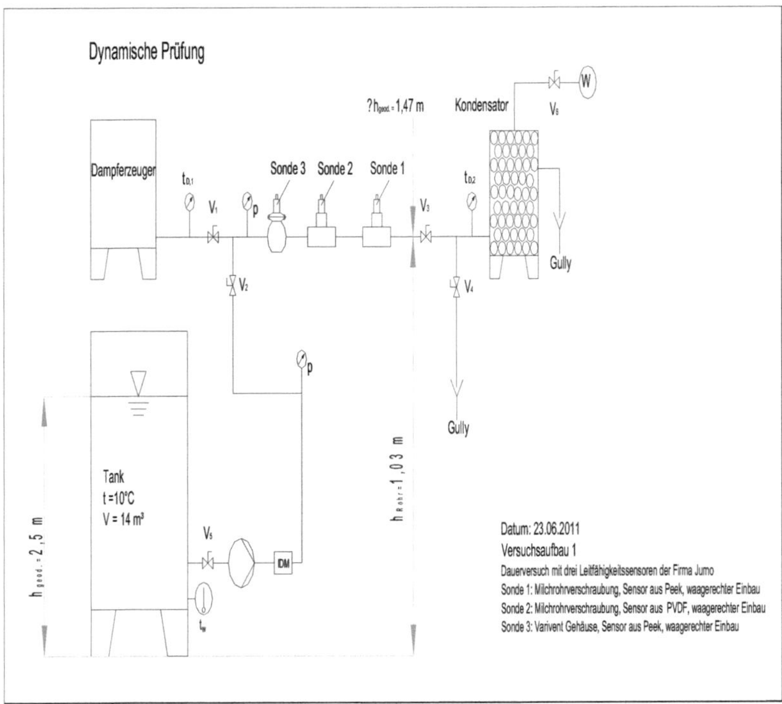

Abb.7: Dynamischer Versuchsaufbau [20]

Abb.8: Dynamischer Versuchsaufbau

4.2 Durchführung der dynamischen Prüfung

Der Versuchsstand wurde nach der Skizze aufgebaut und lief ca. 2 Wochen lang im Dauerversuch. Dabei wurden die Messwerte alle 30 Minuten aufgeschrieben und nach der Dichtigkeit der Sensoren bzw. nach der Leckage geprüft (s.original Versuchsprotokolle). Die Versuchsanlage lief überwiegend selbstständig. Durch Öffnen eines Absperrventils der Firma GEA Tuchenhagen kann das Wasser durch den hydrostatischen Druck in die Rohrleitungen fließen. Eine Kreiselpumpe der Firma GEA Tuchenhagen fördert das Wasser in Richtung der Sensoren und in die Rohrleitungen. Durch einen Volumenstromzähler wird das Volumen des zudosierten Frischwassers angezeigt und konstant gehalten. Ein Dampferhitzer erhitzt das Wasser und es verdampft. Vor dem Dampferhitzer wird ein Temperaturmessgerät für manuelles Ablesen und vor der Sonde 3 ein Messgerät für die Druckmessung angebracht. Die Sensoren werden mit VARINLINE-Gehäuse der Firma GEA Tuchenhagen in dem Rohrleitungssystem waagerecht integriert.

Abb.9: VARINLINE Gehäuse zur Sensoranbindung

Das Wasser bzw. der so entstandene Sattdampf fließt durch die Rohrleitung, an der Sonde 1, Sonde 2 und Sonde 3 angebracht sind, zum Kondensator. In dem Kondensator wird der Sattdampf abgekühlt und in den Gully weitergeleitet. Wenn jedoch das Wasser flüssig durch die Leitungen fließt, wird es direkt in den Gully weitergeleitet. Dadurch können sich keine Schmutzpartikel oder ähnliches in den Rohrleitungen absetzen. Der Vorgang der Reinigung wurde immer mit frischem Leitungswasser durchgeführt.

Abb.10: Sensoren 1 bis 3 in waagerechter Stellung eingebunden

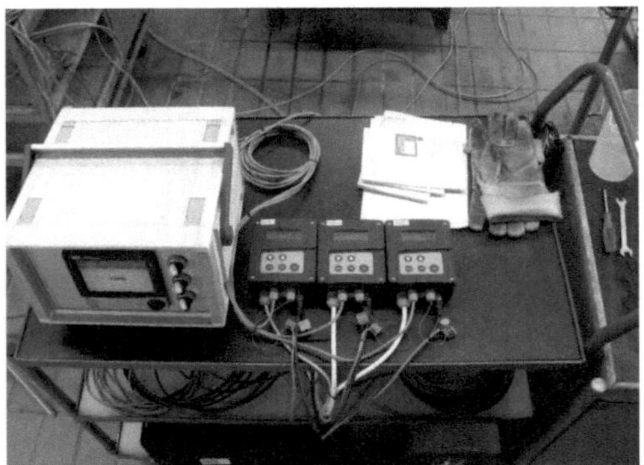

Abb.11: Prozessüberwachungssystem der Firma Jumo

Die Messdaten werden an einen angeschlossenen Messrechner der Firma Jumo weitergeleitet, verarbeitet und gespeichert.

4.3 Auswertung der dynamischen Prüfung

In diesem Versuch ging es darum ob die Werkstoffe der Sensoren die Belastungen aushalten würden und ob sie beständig sind gegen Temperatur - und Druckwechsel innerhalb des Reinigungsvorganges. Zusammenfassend als Ergebnis des Dauerversuches lässt sich feststellen, dass sich der Sensor aus dem Material PVDF für diesen Reinigungsvorgang nicht eignet. Der Sensor wies Leckage auf, und nach dem Abbau konnte man sehr gut erkennen, wie sich der Sensor verformt hat. Außerdem wies er Farbveränderung und Längsrisse auf.

Der Zyklus der Reinigungsvorgänge innerhalb der kurzen Zeit und der Temperaturwechsel innerhalb des Reinigungsvorganges war sehr extrem. Trotz der guten Eigenschaften der Materialien PVDF und EPDM hat der Sensor 2 den extremen Temperatur- und Druckwechsel in dem kurzen Zeitraum nicht bestanden.

Der Sensor aus PVDF mit den Dichtungen aus EPDM hat sich verformt und verfärbt. Die Ergebnisprotokolle des Versuches sind im Anhang beigefügt.

Abb.12: Sensor 1 aus Material PEEK nach dynamischer Prüfung
äußerlich unbeschädigt und ebenfalls keine Farbveränderung

Abb.13: Sensor 2 aus Material PVDF nach dynamischer Prüfung
äußerlich beschädigt (Längsriss) und mit Farbveränderung
(zu Beginn weiß, zum Schluss braun)

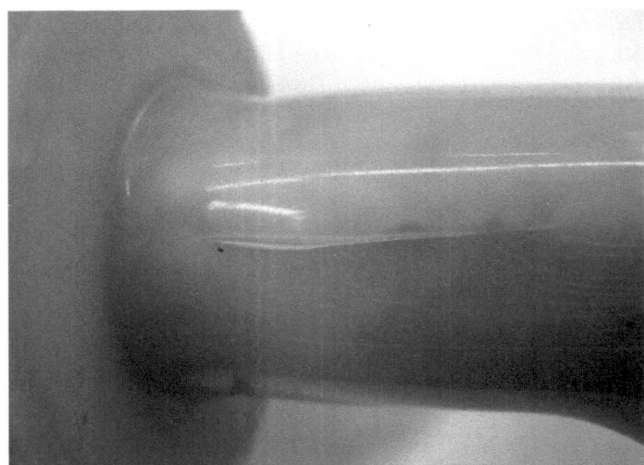

Abb.14: Sensor 2 aus dem Material PVDF nach dynamischer Prüfung äußerlich beschädigt (Längsriss) und mit Farbveränderung (am Anfang weiß, zum Schluss braun)

Abb.15: Sensor 3 aus Material PEEK nach dynamischer Prüfung äußerlich unbeschädigt und keine Farbveränderung

4.4 Zusammenfassung und Diskussion der dynamischen Prüfung

Die Auswertung der einzelnen Protokolle - die im Anhang beigefügt sind - zeigen, dass die Werkstoffe der Sensoren sich allgemein - bis auf Sensor 2 - mit dem Sensormaterial PVDF und dem Dichtungsmaterial EPDM als Rohstoffe für die Sensoren eignen.
Obwohl der Werkstoff PVDF und der Dichtungswerkstoff EPDM hervorragende mechanische und chemische Eigenschaften besitzen und gegen Basen und Säuren beständig sind ist bei der dynamischen Prüfung der Sensor 2 ausgefallen. Der Sensor hat sich verformt und verfärbt. Man kann das sehr gut auf den Abbildungen dreizehn und vierzehn erkennen. Hierbei ist auch zu bedenken, dass die Produktionsanlagen allgemein keine Temperatur und Druckwechsel im dreißig Minuten Takt haben wie in diesem Dauerversuch. Es war ein Härtefall für die Sensorwerkstoffe. Normalerweise werden die Sensoren in bestimmten Intervallen geprüft und ausgetauscht. Obwohl die Leitfähigkeit bzw. die Funktion der Sensoren nicht geprüft werden sollten, wurden während des Versuches Temperatur und Drücke manuell aufgenommen. Parallel zu den Messungen lief das automatische Prozessmessprogramm der Firma Jumo mit. Im anschließenden Vergleich der Messdaten fiel auf, dass das Programm beim Aufzeichnen der Leitfähigkeit des Fluids als Indikator für den Reinigungsvorgang Fehler unterlaufen sind. Im durchgeführten Dauerversuch wurden die Sensoren nicht ausgetauscht. Jedoch wurde die Leckage und die Dichtigkeit der Sensoren optisch kontrolliert. Als der erste Sensor während des Versuches Leckage aufwies wurde der Versuch beendet.

5. Zusammenfassung und Auswertung der Ergebnisse

Um einen Prozess steuern und kontrollieren zu können ist es unabdingbar, Informationen über den Ist-Zustand des Prozesses zu kennen. Dazu benötigt man Sensoren, die bestimmte physikalische Größen messen und z.B. an eine Steuerung oder an den Bediener einer Anlage weiterleiten. Die Sensoren müssen während des Einsatzes einwandfrei und arbeiten, damit der Bediener sich während des Fertigungsprozesses und des Reinigungsvorgangs auf die Sensoren verlassen kann. Es wäre fatal, wenn sich Fremdwerkstoffe in den Fertigungs- oder anschließenden Reinigungsprozess mischen würden.
Die Werkstoffe der Sensoren haben sich bei der chemischen Prüfung beständig gegen Säuren und Basen gezeigt. Bei der dynamischen Prüfung jedoch ist der Sensor 2 aus PVDF ausgefallen. Das Material hat sich verformt und verfärbt und weist Längsrisse auf der Oberfläche auf. Auf den Bildern kann man dies sehr gut erkennen. Daraus ergibt sich, dass die Einsetzbarkeit von Sensor 2 kürzer zu planen und die Wartungsintervalle in kurzen Abständen durchzuführen sind. Die Überlegungen könnten auch dahin gehen, PVDF und EPDM nicht als Werkstoff in bestimmten Fertigungsprozessen einzusetzen. Stattdessen könnten die beiden anderen Sensoren 1 und 3 sehr gut eingesetzt werden. Sie haben den dynamischen Versuch ohne Schaden überstanden und hielten bis zum Schluss.
Ein Vergleich dieses Ergebnisses mit anderen Dauerversuchsergebnissen konnte nicht stattfinden, weil die Firma Jumo solche Versuche nie durchgeführt hat und daher keine Vergleichswerte vorliegen.

Literaturverzeichnis

[1] Kessler, H.G. (2006): Lebensmittel- und Bioverfahrenstechnik: Molkereitechnologie, 1.Nachdruck, Wiesbaden, Verlag A. Kessler.

[2] W. Kohler, R. Schmidt (2005): Werkstoffoberflächen in der Reinraum,- und Steriltechnik, 1.Aufl., Frankfurt/M., VDMA-Verlag.

[3] EHEDG (2006): European Hygienic Engineering & Design Group, Hygienic Design of closed Equipment for processing of liquid Food.

[4] G. Wildbrett (2006): Korrosion in Reinigung und Desinfektion in der Lebensmittelindustrie, 2.Aufl., Hamburg, Behr´s.

[5] Firma Jumo: Leitfähigkeitsüberwachung mit dem JUMO CTI-750, Technisches Informationsblatt.

[6] DIN EN 1672-2 (2005): Nahrungsmittelmaschinen - Allgemeine Gestaltungsgrundsätze – Teil 2: Hygieneanforderungen, Berlin, Beuth Verlag.

[7] Dubbel (2007): Taschenbuch für den Maschinenbau, 22.Aufl., neu bearb. und erw. Aufl., Heidelberg, Springer Verlag Berlin.

[8] Günter Gottstein (2007): Physikalische Grundlagen der Materialkunde, 3.Aufl., Heidelberg, Springer Verlag Berlin.

[9] Wolfgang Weißbach (2009): Werkstoffkunde Strukturen, Eigenschaften, Prüfung, 17.Aufl., akt. und überarb. Aufl., 2010, Vieweg + Teubner Verlag.

[10] DIN ISO 1817 (2004-06): Prüfung von Kautschuk und Elastomeren, Berlin, Beuth Verlag.

[11] DIN 11483-2 (2010-11-Teil 2): Milchwirtschaftliche Maschinen und Anlagen Reinigung und Desinfektion, Berlin, Beuth Verlag.

[12] F. Kiermeier (1996): Chemische Hilfsmittel zur Reinigung und Desinfektion-Wasser in Reinigung und Desinfektion in der Lebensmittelindustrie, 1.Aufl., Hamburg, Behr´s.

[13] DIN 11483: Reinigung von Anlagen für Prozessindustrie, Berlin, Beuth Verlag.

[14] DIN EN ISO 3271 (1984-04): Oberflächen Messverfahren, Tastschnittverfahren – Nenneigenschaften, Berlin, Beuth Verlag.

[15] Deutscher Normenausschuss (DNA),(1983): Milchwirtschaftliche Anlagen, Reinigung und Desinfektion, Berücksichtigung von nichtrostendem Stahl, DIN 11483, Teil 1, Berlin, Beuth-Verlag.

[16] DIN ISO 1817 (2004-06): Prüfung von Kautschuk und Elastomeren, Berlin, Beuth Verlag.

[17] Firma Jumo (2009-05): Leitfähigkeitsmessung, Konzentration, Technische Informationen JUMO, FAS 624.

[18] Fraunhofer Institut für Schicht und Oberflächentechnik (IST) (2010): „ http://www.ist.fraunhofer.de/kompetenz/nieder/pacvd/frames.html [Stand:29.08.2010]".

[19] Firma Jumo: Molkerei Technik, Steuern, Regeln, Technisches Informationsblatt.

[20] DIN ISO 1219-1(2007): DIN Deutsches Institut für Normung, "Fluidtechnik-Graphische Symbole und Schaltpläne", Berlin, Beuth Verlag.

Anhang

<table>
<tr><td colspan="2"></td><td align="center">TUC-DR Technikum
<u>Messprotokoll</u></td><td>Datum: 21.06.2011
Blatt: 1 von 6</td></tr>
</table>

Mechanical Equipment

Fa. Jumo

Sensoren (Leitfähigkeit, Temperatur)

Sensor-Nr. 1☒; 2☐; 3☐

    4☐; 5☐; 6☐

Temperaturen, Leitfähigkeit, Dichtigkeit, Funktion

Einbau: Waagerecht

Gehäuse: T-Stück Milchrohrverschraubung

Material(Sensor): PEEK

Dichtung: EPDM

Messwerte

Bezeichnung	Datum	Zeit	Zeit(Dampf)		Zeit(Wasser)		Anzahl	Temperatur	Druck	Temperatur außen	Temperatur innen	Temperatur Gehäuse	Leitfähigkeit	Leckage	Bemerkung
Formelzeichen		t	n_{Dampf}	T_{Dampf}	n_{Wasser}	T_{Wasser}	n	h_{ist}	p	t(PT 1000)	t(PT 1000)	t(Gehäuse)	L_f	$\dot{m}$	
Einheit	-	h	min	h	min	h	-	°C	bar	°C	°C	°C	ms/cm	gl/min	
1	21.6.2011	15:00	30	2,5	30	2,5	5	40	3,36	130,5	121,1	38,5	0,100	0	
2	21.6.2011	16:00	60	4,0	30	4,0	4	40	3,27	135,4	135,1	56,0	0,001	0	
3	21.6.2011	18:30	60	4,0	30	4,0	5	10	1,40	16,3	20,7	29,8	0,265	0	
4	22.6.2011	11:30	60	16,0	30	5,5	19	11	0,40	15,1	20,1	35,0	0,274	0	
5	23.6.2011	02:00	60	32,0	30	16,5	22	11	4,26	146,2	129,7	45,8	0,000	0	
6	23.6.2011	03:30	60	33,0	30	16,5	33	12	6,05	16,2	20,1	33,3	0,273	0	
7	24.6.2011	08:30	60	46,0	30	24,5	49	11	4,28	147,0	130,9	46,0	0,000	0	
8	24.6.2011	09:00	60	46,0	30	24,5	49	12	0,0	15,2	21,0	34,8	0,270	0	
9	25.6.2011	15:30	60	70,0	30	35,0	79	11	4,27	146,7	131,3	45,9	0,000	0	
10	26.6.2011	12:00	60	75,0	30	35,5	79	12	0,56	15,3	21,5	39,9	0,7	0	 1.) 2.) 1.)
11	27.6.2011	09:00	60	95,0	30	40,5	97	12	1,54	15,1	20,0	35,3	0,041	0	1.)
12	27.6.2011	10:00	60	96,0	30	40,0	98	12	3,61	107,6	127,2	30,4	0,037	0	
13	27.6.2011	11:30	60	98,0	30	40,5	99	12	1,46	87,3	126,4	42,8	0,001	0	
14	27.6.2011	12:00	60	98,0	30	40,5	99	12	2,49	15,1	21,5	41,1	0,093	0	
15	28.6.2011	09:00	60	113,0	30	56,5	113	12	2,49	15,3	20,9	40,2	0,000	0	
16	28.6.2011	10:30	60	114,0	30	57,0	114	12	4,03	129,9	126,1	30,9	0,032	0	
17	28.6.2011	15:00	60	117,0	30	56,5	117	12	4,14	129,1	127,9	34,9	0,050	0	
18	28.6.2011	15:30	60	117,0	30	56,5	117	13	0,69	15,1	21,7	43,0	0,069	0	

Bemerkungen:

1.) Leitfähigkeitsanzeige falsch für n ≥ 79 (26.06.11, 8:23 Uhr (Protokoll Schreiber))

2.) Dampfventil verstopft; in Stand setzen

3.) Mutter nachgezogen

| | | | | | | TUC-DR Technikum | | | | | Datum: | 30.06.2011 |
| | | | | | | **Messprotokoll** | | | | | Blatt: | 2 von 6 |

Mechanical Equipment
Fa. Jumo
Sensoren (Leitfähigkeit, Temperatur)
Sensor-Nr. 1☒ 2☐ 3☐
    4☐ 5☐ 6☐
Temperaturen, Leitfähigkeit, Dichtigkeit, Funktion
Einbau: Waagerecht

Gehäuse: T-Stück Mikrorohrverschraubung
Material(Sensor): PEEK
Dichtung: EPDM

Messwerte

Bezeichnung	Datum	Zeit	Zeit Dampf		Zeit Wasser		Anzahl	Temperatur	Druck	Temperatur außen	Temperatur innen	Temperatur Gehäuse	Leitfähigkeit	Leckage	Bemerkung
Formelzeichen		t	t_{Dampf}	Σt_{Dampf}	t_{Wasser}	Σt_{Wasser}	n	$t_{...}$	p	$b(PT1000)$	$b(PT1000)$	$b(Gehäuse)$	L	m	-
Einheit	-	h	min	h	min	h	-	°C	bar	°C	°C	°C	mS/cm	g/min	-
19	29.6.2011	10:30	00	130,0	30	65,0	130	12	4,08	142,1	127,3	51,6	0,048	0	
20	29.6.2011	11:00	00	130,0	30	65,0	130	12	3,48	143,3	11,4	30,5	0,05	0	
21	29.6.2011	16:30	00	134,0	30	67,0	134	12	4,04	141,9	128,6	57,3	0,078	0	
22	30.6.2011	08:00	00	144,0	30	72,0	144	12	3,48	15,4	19,8	32,3	0,000	0	
23	30.6.2011	08:00	00	145,0	30	72,5	145	12	3,9	140,0	125,3	43,7	0,040	0	
24	30.6.2011	11:30	00	146,0	30	73,0	146	12	3,48	15,2	19,2	30,7	0,000	0	
25	30.6.2011	12:00	00	147,0	30	73,5	147	12	4,19	140,0	126,0	45,9	0,040	0	
26	1.7.2011	08:30	00	166,0	30	80,0	100	12	3,48	15,0	30,1	30,5	0,00	0	
27	1.7.2011	09:30	00	161,0	30	80,5	161	12	4,05	141,2	126,1	44,3	0,071	0	
28															
29															
30															

Bemerkungen:
1.) Leitfähigkeitsanzeige falsch für n ≥ 79 (28.06.11, 8.23 Uhr (Protokoll Schreiber))
2.) Dampfventil verstopft in Stand setzen!
3.) Mutter nachgezogen

TUC-DR Technikum		Datum:	21.06.2011
Messprotokoll		Blatt:	3 von 6

Mechanical Equipment
Fa. Jumo
Sensoren (Leitfähigkeit, Temperatur)

Sensor-Nr. 1☐2☐3☐:

    4☐5☐6☐:

Temperaturen, Leitfähigkeit, Dichtigkeit, Funktion
Einbau: Waagerecht

Gehäuse: Varivent Milchrohrverschraubung

Material(Sensor): PVDF

Dichtung: EPDM 1 (n = 0-34), EPDM 2 (n = 35-49)
      Silikon (n = 50-161)

Messwerte

Bezeichnung	Datum	Zeit	Zeit/Dampf		Zeit/Wasser		Anzahl	Temperatur	Druck	Temperatur außen	Temperatur innen	Temperatur Gehäuse	Leitfähigkeit	Leckage	Bemerkung
Formelzeichen		t	t_{Dampf}	Σt_{Dampf}	t_{Wasser}	Σt_{Wasser}	n	t_{Bad}	p	(PT1000)	(PT1000)	(Gehäuse)	L_f	m_L	-
Einheit	-	h	min	h	min	h	-	°C	bar	°C	°C	°C	mS/cm	g/min	
1	21.6.2011	1500	30	2,5	30	2,5	5	10	3,28	139,4	116,0	34,0	0,100	0	
2	21.6.2011	1600	60	6,0	30	4,0	8	10	3,27	138,3	122,0	47,1	0,090	0	
3	21.6.2011	1830	60	6,0	30	4,0	8	10	0,49	16,3	22,7	41,7	0,251	22,34	1)
4	22.6.2011	1130	60	18,0	30	9,0	18	11	0,48	16,4	21,1	36,0	0,259	0	
5	23.6.2011	0800	60	33,0	30	16,5	33	11	4,28	140,9	125,3	42,0	0,000	0	
6	23.6.2011	0830	60	33,0	30	16,5	33	12	0,55	16,6	18,5	25,7	0,258	26,48	3)
7	24.6.2011	0830	60	49,0	30	24,0	49	12	4,27	147,2	127,8	42,5	0,021	0	
8	24.6.2011	0900	60	49,0	30	24,0	49	12	0,59	16,4	21,6	35,2	0,253	0	
9	25.6.2011	1830	60	70,0	30	35,0	70	12	4,29	148,1	127,5	33,0	0,5	0	5)
10	26.6.2011	1200	60	79,0	30	39,5	79	12	2,54	16,6	21,6	29,7	1,4	0	
11	27.6.2011	0900	60	87,0	30	44,5	87	12	0,49	16,4	20,3	35,2	3,890	0	6)
12	27.6.2011	1000	60	98,0	30	49,0	98	12	3,42	142,2	126	46,4	3,69	0	
13	27.6.2011	1130	60	99,0	30	49,5	99	12	3,61	141,0	124,5	43,7	2,746	0	
14	27.6.2011	1200	60	99,0	30	49,5	99	12	0,48	16,3	21,6	40,9	0,253	0	
15	28.6.2011	0900	60	113,0	30	56,5	113	12	0,49	16,0	21,6	26,3	0,796	0	
16	28.6.2011	1030	60	114,0	30	57,0	114	12	4,14	141,0	124,1	47	1,03	0	
17	28.6.2011	1500	60	117,0	30	58,5	117	12	4,16	142,5	124,6	50,8	3,56	0	1)
18	28.6.2011	1630	60	117,0	30	58,5	117	12	0,49	16,3	22,1	43,5	0,40	0	

Bemerkungen:

1.) Verschraubung lose, nach gezogen → Leckage m_L = 0,3 g/min

2.) m_L = 27,9 g/min, nach gezogen → Leckage m_L = 0 g/min

3.) Verschraubung lose, nach gezogen → Leckage m_L = 0,48 g/min

4.) Dichtring G ausgetauscht (EPDM-Nr.2.1 für n = 0...34; EPDM-Nr.2.2 für n = 35...49; Silikon-Nr.2.3 für n = 50...161)

5.) Leitfähigkeitsanzeige falsch für n ≥ 56 (24.06.11 um 18:00 Uhr)

6.) Mutter nachgezogen

	TUC-DR Technikum	Datum	29.06.2011
	Messprotokoll	Blatt	4 von 6

Mechanical Equipment
Fa. Jumo
Sensoren (Leitfähigkeit,Temperatur)
Sensor-Nr. 1□, 2□, 3□,
    4□, 5□, 6□,
Temperaturen, Leitfähigkeit, Dichtigkeit, Funktion
Einbau: Waagerecht

Gehäuse: Varivent Milchrohrverschraubung
Material(Sensor): PVDF
Dichtung: EPDM 1 (n = 0-34), EPDM 2 (n = 35-49)
Silikon (n = 50-161)

Messwerte

Bezeich-nung	Datum	Zeit	Zeit(Dampf)		Zeit(Wasser)		Anzahl	Temp-eratur	Druck	Temperatur außen	Temperatur Innen	Temperatur Gehäuse	Leitfähigkeit	Leckage	Bemerkung
Formelzeichen		t	Start	Zdauer	Start	Zdauer	n	Tstat	p	b(PT1000)	b(PT1000)	b(Gehäuse)	L	m	
Einheit	-	h	min	h	min	h	-	°C	bar	°C	°C	°C	ms/cm	g/min	-
19	29.6.2011	10:30	60	130,0	30	65,0	130	12	4,04	142,4	125,2	47,1	6,737	0	1)
20	29.6.2011	11:00	60	130,0	30	65,0	130	12	0,48	15,5	21,9	40,8	0,125	0	
21	29.6.2011	16:30	60	134,0	30	67,0	134	12	3,9	142,3	126,3	53,2	6,865	0	1)
22	30.6.2011	08:00	60	144,0	30	72,0	144	12	0,48	15,6	20,1	32,2	0,815	0	
23	30.6.2011	09:00	60	145,0	30	72,5	145	12	4,19	141,7	123,4	39,7	3,288	0	1)
24	30.6.2011	11:30	60	146,0	30	73,0	146	12	0,48	15,4	19,3	30,6	0,752	0	
25	30.6.2011	12:00	60	147,0	30	73,5	147	12	4,19	141,8	123,9	42,0	8888,	0	2)
26	1.7.2011	08:30	60	160,0	30	80,0	160	12	4,05	-2,0	20,4	32,1	8888,	0	2)
27	1.7.2011	09:30	60	161,0	30	80,5	161	12	2,1	58,1	123,8	40,7	2,384	0	
29															
30															

Bemerkungen:

1.) Mutter nachgezogen (Vorher Leckage, danach Leckage gleich Null)

2.) Alarm, Hauptverteileingang orange, 8888 blinkt

<table>
<tr><td colspan="2"></td><td colspan="4" align="center">TUC-DR Technikum
<u>Messprotokoll</u></td><td>Datum:</td><td>21.06.2011</td></tr>
<tr><td colspan="2"></td><td colspan="4"></td><td>Blatt:</td><td>5 von 6</td></tr>
</table>

Mechanical Equipment
Fa. Jumo
Sensoren (Leitfähigkeit, Temperatur)

Sensor-Nr. 1☐:2☐:3☒☒

4☐:5☐:6☐

Temperaturen, Leitfähigkeit, Dichtigkeit, Funktion
Einbau: Waagerecht

Gehäuse: Varivent
Material(Sensor): PEEK
Dichtung EPDM

Messwerte

Bezeichnung	Datum	Zeit	Zeit/Dampf		Zeit Wasser		Anzahl	Temperatur	Druck	Temperatur außen	Temperatur innen	Temperatur Gehäuse	Leitfähigkeit	Leckage	Bemerkung
Formelzeichen		t	t_{Dampf}	t_{Dampf}	t_{Wasser}	t_{Wasser}	n	t_{Bad}	p	b(PT1000)	b(PT1000)	t(Gehäuse)	L_f	$\dot{m}$	
Einheit	-	h	min	h	min	h	-	°C	bar	°C	°C	°C	ms/cm	g/min	-
1	21.6.2011	15:00	30	2,5	30	2,8	5	10	3,20	138,9	122,6	96,1	0,100	0	
2	21.6.2011	16:00	60	8,0	30	4,0	8	10	3,27	138,6	122,9	112,0	0,001	0	
3	21.6.2011	16:30	60	8,0	30	4,0	8	10	0,48	16,0	27,5	34,6	0,266	0	
4	22.6.2011	11:30	60	13,0	30	6,5	13	11	0,48	16,4	26,2	22,0	0,274	0	
5	23.6.2011	08:00	60	33,0	30	16,5	33	11	4,25	148,2	133,0	113,3	1,372	0	1.)
6	23.6.2011	08:30	60	33,0	30	16,5	33	12	0,85	16,3	16,4	17,0	0,271	0	
7	24.6.2011	08:30	60	49,0	30	24,5	49	12	4,20	147,2	134,4	114,0	1,368	0	
8	24.6.2011	09:00	60	49,0	30	24,5	49	12	0,8	16,6	21,0	25,3	0,267	0	
9	25.6.2011	08:30	60	49,0	30	35,0	70	12	0,58	147,9	133,2	114,0	1,400	0	
10	26.6.2011	07:00	60	57,0	30	41,5	83	12	0,56	15,7	22,4	20,6	0,3	0	
11	27.6.2011	08:00	60	57,0	30	43,5	87	12	0,54	15,4	16,7	25,0	0,270	0	
12	27.6.2011	10:00	60	98,0	30	49,0	98	12	3,61	141,6	131,5	113,6	1,388	0	
13	27.6.2011	11:30	60	99,0	30	49,5	99	12	3,48	140,6	130,6	113,2	1,410	0	
14	27.6.2011	12:00	60	99,0	30	49,5	99	12	0,48	15,4	20,9	25,2	0,208	0	
15	28.6.2011	09:00	60	113,0	30	56,5	113	12	0,48	15,6	20,7	34,6	0,270	0	
16	28.6.2011	10:30	60	114,0	30	57,0	114	12	4,00	140,3	130,3	111,9	0,012	0	
17	28.6.2011	16:00	60	117,0	30	58,5	117	12	4,14	142,6	132,4	115,8	0,016	0	
18	28.6.2011	16:30	60	117,0	30	58,5	117	12	0,48	15,4	20,9	35,6	0,275	0	

Bemerkungen:
1.) Leitfähigkeitsanzeige falsch für n ≥ 13 (22.06.11, 01:45 Uhr)

| TUC-DR Technikum | | Datum | 30.06.2011 |
| Messprotokoll | | Blatt | 6 von 6 |

Mechanical Equipment
Fa. Jumo
Sensoren (Leitfähigkeit,Temperatur)

Sensor-Nr. 1☐; 2☐; 3☒;

    4☐; 5☐; 6☐;

Temperaturen, Leitfähigkeit, Dichtigkeit, Funktion
Einbau: Waagerecht

Gehäuse: Varivent
Material(Sensor): PEEK
Dichtung: EPDM

Messwerte

Bezeich-nung	Datum	Zeit	Zeit(Dampf)		Zeit(Volumen)		Anzahl	Temp-eratur	Druck	Temperatur außen	Temperatur innen	Temperatur Gehäuse	Leitfähigkeit	Ledage	Bemerkung
Formel-zeichen		t	t_{Dampf}	t_{Dampf}	$t_{Volumen}$	$t_{Volumen}$	n	t_{aus}	p	t(PT 1000)	t(PT 1000)	t(Gehäuse)	L	$\dot{m}$	-
Einheit		h	min	h	min	h		°C	bar	°C	°C	°C	ms/cm	g/min	
19	29.6.2011	10:30	60	130,0	30	65,0	150	72	4,05	141,7	131,6	113,4	0,016	0	
20	29.6.2011	11:00	60	130,0	30	65,0	150	72	0,45	15,6	21,3	20,9	0,264	0	
21	29.6.2011	16:30	60	134,0	30	67,0	134	72	4,54	142,0	132,4	116,1	0,031	0	
22	30.6.2011	07:00	60	144,0	30	72,0	144	72	0,44	16,0	16,5	23	0,208	0	
23	30.6.2011	05:00	60	145,0	30	72,5	145	72	1,9	141,0	138,7	108,3	0,016	0	
24	30.6.2011	11:30	60	146,0	30	73,0	146	72	0,44	15,4	18,5	20,5	0,270	0	
25	30.6.2011	12:00	60	147,0	30	73,5	147	72	4,59	141,2	130,1	116,1	0,016	0	
26	1.7.2011	08:30	60	160,0	30	80,0	160	72	0,44	15,0	30,0	23,5	0,269	0	
27	1.7.2011	09:30	60	161,0	30	80,5	161	72	4,65	141,2	130,0	108,6	0,016	0	
28															
29															
30															

Bemerkungen:

1) Leitfähigkeitsanzeige falsch für n ≥ 13